BEI GRIN MACHT SICH IHR WISSEN BEZAHLT

- Wir veröffentlichen Ihre Hausarbeit,
  Bachelor- und Masterarbeit

- Ihr eigenes eBook und Buch -
  weltweit in allen wichtigen Shops

- Verdienen Sie an jedem Verkauf

Jetzt bei www.GRIN.com hochladen
und kostenlos publizieren

Impressum:

Copyright © 2018 GRIN Verlag
Druck und Bindung: Books on Demand GmbH, Norderstedt Germany
ISBN: 9783668772915

Dieses Buch bei GRIN:

https://www.grin.com/document/436247

Felix Busch

Karstformen. Was ist Karst und wie entsteht es?

GRIN Verlag

Was ist Karst?

Inhaltsverzeichnis

1 Chemische und geologische Entstehung 2

2 Formen der Karstlandschaften 7

3 Geomorphologie des Südharzes 10

Literatur: 12

1 Chemische und geologische Entstehung

Die unabdingbaren Voraussetzungen für Karstlandschaften sind gemeinsame Geofaktoren. Es müssen lösliche Gesteine in großen Mengen vorhanden sein, welche mit Wasser reagieren. Dadurch bilden sich, die für Karstregionen typischen, Korrosionsformen an der Landoberfläche und im Untergrund Kluft- und Höhlensysteme. Des Weiteren findet überwiegend unterirdische Entwässerung statt. Solche Gebiete werden in der Geomorphologie unter dem Begriff Karst zusammengefasst. Verkarstete Gebiete sind somit klimatisch azonale, das heißt junge Böden mit schwacher Profildifferenzierung (MICHALZIK 2017: o.S), ohne Oberflächenabfluss und vorwiegend mit Lockergesteinen versehene Landschaften. „Karst präsentiert sich somit heute, als eine vielfältige auf spezifische Geofaktoren zurückgehende multidisziplinäre und interdisziplinäre Wissenschaft" (PFEFFER 2010: S. 4).

Die Entstehung von Landschaften beruht grundlegend auf endogenen und exogenen Einflüssen. Während exogene Faktoren direkt an der Erdoberfläche angreifen und klimagebunden sind, wirken endogene Prozesse im Erdinneren. Bezüglich der exogenen Umformung muss zwischen physikalischer und chemischer Verwitterung unterschieden werden. Physikalische Verwitterung umfasst alle Teilprozesse, welche eine mechanische Zerkleinerung von Gesteinen bewirken, während die chemische Verwitterung durch die Reaktion von Bodenlösung und Mineraloberfläche gekennzeichnet ist. Für die Verkarstung entscheidend ist hierbei die Lösungsverwitterung bei Salz- und Sulfatgesteinen (v.a. Gips), sowie die Kohlensäureverwitterung bei Carbonatgesteinen, welche als fortführende und wesentlich intensivere Lösungsverwitterung bezeichnet wird (MICHALZIK 2017: o.S.). Der Mineralbestand der Gesteine ist hierbei ausschlaggebend für die Intensität der Verwitterungsvorgänge, da chemische Verwitterung erst ablaufen kann, „wenn die Verwitterungsprodukte durch Ausfällung oder Auswaschung aus dem Gleichgewicht genommen werden, und das Reaktionsgleichgewicht permanent gestört wird" (MICHALZIK 2017: o.S.). Salz- Calciumsulfat- und Carbonatgesteine weisen hierbei hinsichtlich ihrer Lösungsraten und -mechanismen erhebliche Unterschiede auf. Während Salzgesteine sich sehr leicht in Wasser lösen, benötigen Carbonate kohlensäurehaltiges Wasser, um sich aufzulösen. Calciumsulfatgesteine, wie Gips sind ebenfalls schwer wasserlöslich.

Durch verschiedenste Methoden kann man zwischen Karstgestein und Nicht-Karstgestein unterscheiden und die einzelnen karstbildenden Gesteine voneinander trennen, wie in Abbildung 1 sichtbar wird. Hier kann man gut erkennen, dass man durch die unterschiedlichen Reaktionen der Minerale und deren Ritzfestigkeit bzw. Härte, Karstgesteine relativ leicht zu bestimmen sind.

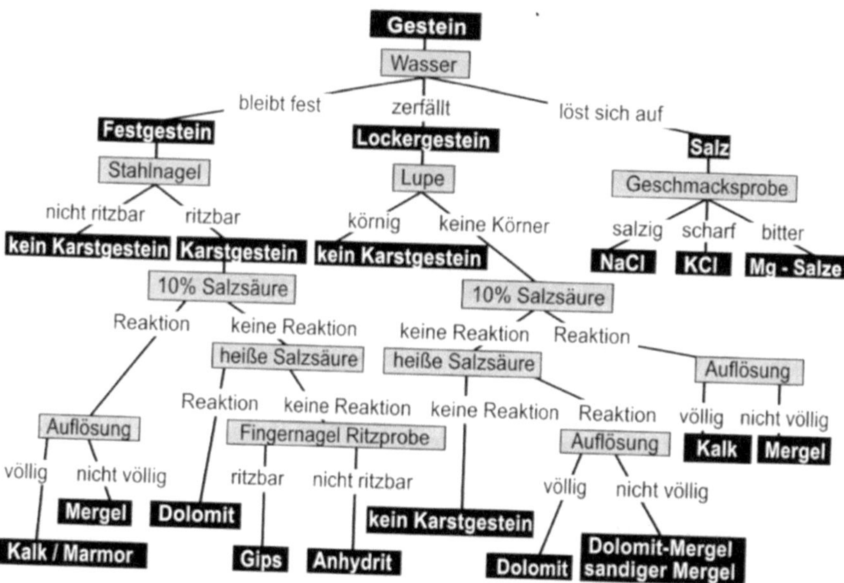

Abbildung 1: Name aus: (PFEFFER 2010: S.36)

In der Praxis trennt die Geschmacksprobe Salze und die Ritzprobe Silikate von Karstgesteinen. Ebenso wird durch letzteres eine einfache Trennung von Carbonatgesteinen und Sulfatgesteinen möglich. Die Reaktion der Kalke mit verdünnter Salzsäure trennt diese wiederum von den weniger löslichen Dolomiten. Somit gehören zu den karstbildenden Gesteinen Steinsalze, welche eine hohe Löslichkeit aufweisen, Gips, Kalkstein und das minder lösliche Dolomit, wobei Kalkstein am häufigsten in der Natur, als Grundgestein für Karstlandschaften, vorkommt. Weitere Voraussetzungen für die Karstbildung ist die Durchlässigkeit und die mineralogische Reinheit des Gesteins (PFEFFER 2010: S.36p)

Anfangs werden Minerale der Gesteine an der Erdoberfläche durch Wasser gelöst und es laufen die oben genannten chemischen Reaktionen ab. Carbonate sind eigentlich Wasserunlöslich, werden jedoch durch kohlensäurehaltiges Wasser, wobei Kohlenstoffdioxid im Wasser angereichert wird, in lösliche Bicarbonate überführt. Dies wird als Korrosion bezeichnet. Wenn der

CO_2- Gehalt des Wassers abnimmt, kommt es zur Umkehrung dieser chemischen Reaktion, der sogenannten Sinterbildung. Hierbei kommt es zur Ausfällung von Calciumcarbonat, wobei sich „Sinterkalk" bildet. Oft findet bei Kalkgesteinen tief im Untergrund noch eine rasche Ausfällung statt, obwohl die Wässer schon gesättigt sind. Dies hat seine Ursache in der Linearität bei der Mischung von Wasserströmen, wobei sich gelöster Kalk und CO_2 nicht linear zueinander verhalten. Die Folge ist, dass 2 gesättigte Wässer sich im Untergrund vermischen und wieder eine ungesättigte Lösung darstellen, welche Carbonatgestein schnell lösen können. Bei Salzgesteinen erfolgt, auf Grund ihrer leichten Lösungsfähigkeit, eine schnelle Zerlegung in Anionen und Kationen, bei dem Kontakt mit Wasser. Diese Reaktion ist ebenfalls bei Verdunstung oder Sättigung der Lösung umkehrbar (SEIDEL 2003: o.S.). Für die Bildung von Karstgebieten ist die Löslichkeit der Gesteine nicht die einzig unabdingbare Voraussetzung, sondern ebenso die unterirdische Entwässerung, die unter dem Begriff der Karsthydrographie thematisiert wird.

Es ist auffällig, dass in Gebirgsregionen mit ausstehenden löslichen Gesteinen, meist keine Fließgewässer zu sehen sind, jedoch Flüsse in die Karstregionen hineinfließen. Häufig kommt es dazu, dass die Flüsse im Fortlauf viel Wasser verlieren und nach einiger Zeit austrocknen. Teilweise verschwinden sie aber auch in einer Art „Schluckloch" im Untergrund, treten jedoch teilweise am Ende des Karstgebietes, mit deutlich höheren ausströmenden Wassermengen, wieder aus. Manche Fließgewässer weisen auch eine „Canyonform" auf, haben jedoch innerhalb des Karstes keine Zuflüsse zu verzeichnen. Viele Flüsse, welche in einem Tal fließen, versickern im Karst und es bildet sich anschließend ein Trockental. Ebenso ergeht es dem Niederschlagswasser, welches in Karstgebieten sofort versickert und durch unterirdische Hauptabflussbahnen, bis zum Ende des Karstes, geleitet wird und dort, an unterschiedlichen Quellpositionen wieder austritt. Da Karstgebiete häufig durch hohen jährlichen Niederschlag gekennzeichnet sind, kommt es zu einer ganzjährigen Schüttung am Rand der Karstgebiete. Diese haben vor allem einen besonders hohen Nutzen in Gebieten mit Trockenphasen, da Karstquellen häufig die einzig verfügbare Wasserquelle darstellen (PFEFFER 2010: S.91pp).

Für die Karsthydrographie in Carbonatgesteinen gibt es zwei wichtige Voraussetzungen. Zum einen muss ein Gradient zwischen der Landoberfläche des Kalksteins und den umliegenden Regionen bestehen, das bedeutet, dass die umliegenden Gebiete niedriger liegen müssen, als die eigentliche Karstregion. Der Höhenunterschied muss existieren, damit die unterirdische Entwässerung und der damit verbundene Austritt des Wassers am Rande der Karstgebiete erfolgen kann. Zum anderen muss im Gestein ein Netz aus sedimentären und tektonischen Trennflächen existieren, damit Wasser tief in das Gestein einsickern kann, eine gewisse Bewegungsfreiheit besitzt und zuletzt wieder austreten kann.

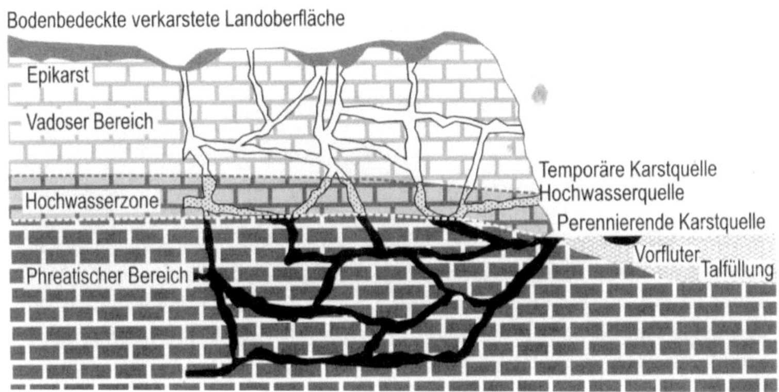

Abbildung 2: Die Karsthydrographischen Zonen in einem verkarsteten Gebirge, gezeichnet nach Abbildungen und nach Texten von BÖGLI (1978), SAUER ET. AL (2006), VILLINGER (1979) aus: (PFEFFER 2010: S.100)

Wenn das Wasser in die primären Trennflächen eindringt, löst es hochgradig Minerale aus dem Gestein. Die Folge ist, dass die Trennflächen erweitert werden und die Obergrenze, des nahe der Erdoberfläche erfüllenden Kluftgrundwassers immer weiter abgesenkt wird, bis das Wasser das Vorfluterniveau oder eine undurchlässige Solschicht erreicht. Jedoch dürfen keine Lösungsrückstände in großen Mengen anfallen, da es sonst zur Abdichtung der Klüfte kommen würde und die Wasserzirkulation somit unterbrochen werden würde. Ein Vorfluter „ist ein Wasserlauf, der aufgrund seiner Wassergeschwindigkeit, Wassermenge und Höhenlage seines Wasserspiegels den Abfluss, der in ihn einmündenden [...] Wasserläufe regelt" (PFEFFER 2010 S. 99). Anders gesagt ist en Vorfluter ein Fließ- oder Stehgewässer, welches von anderen Gewässern Wasser aufnimmt. Fast jedes Gewässer stellt im Bezug auf ein anderes einen Vorfluter dar. Im Zusammenhang mit den Karstgebieten befinden sich die Vorfluter am Rande der Karstgebiete und durch das Gefälle zwischen Karstregion und der umliegenden Landschaft niedriger als der Karst selbst. Somit wird deutlich, dass das Niveau des Vorfluters eine Grenze für die Absenkung des Wasserpegels der unterirdischen Entwässerung darstellt, da weiterhin ein Gradient bestehen bleiben muss, der das Wasser nahezu ungehindert abfließen lässt. Zusammengefasst bilden sich durch diese spezifischen Vorgänge zwei hydrographische Zonen (Abb. 2). Nahe der Erdoberfläche befindet sich die sogenannte vadose Zone. Diese zeichnet sich dadurch aus, dass sie nur zeitweise mit Wasser gefüllt ist, nämlich genau dann, wenn Wasser in das Karstgestein einsickert. Darunter befindet sich die phreatische Zone, welche unter dem Grundwasserspiegel liegt, sich dem Vorfluter oder der Solschicht anpasst und deren Poren und Klüfte dauerhaft mit

Wasser gefüllt sind. Durch eine Höhenveränderung des Vorfluters, oft durch Hebung oder Senkung der tektonischen Platten, verlagern sich auch die unterirdischen Fließungsvorgänge auf dieses neue Niveau. Dies hat zur Folge, dass mehrere und größere Höhlensysteme innerhalb des Karstgebietes vorhanden sind, welche bei Instabilität einstürzen. Teilweise reichen diese Einstürze bis hin zur Erdoberfläche, jene werden als Inkasion bezeichnet.

Eine weitere Zone, welche jedoch nicht zu den primären hydrographischen Zonen zählt, ist der Epikarst. Dies ist ein „schwebendes Grundwasserstockwerk unterhalb der Erdoberfläche, das infiltriertes Wasser vorübergehend speichert und verzögert in das Karstwasser abgibt (PFEFFER 2010: S.91pp). Diese Unterteilung ist ebenfalls bei Sulfatgesteinen vorzufinden (Abb. 2). Man bezeichnet Zonen, in denen der Vorfluter auf Höhe der Solschicht ist, als seichten Karst und Gebiete, bei denen der Vorfluter deutlich über der undurchlässigen Schicht liegt, als tiefen Karst.

Auch bei der Karsthydrographie in Sulfatgesteinen müssen das Gefälle vom Karstgebiet hin zur umliegenden Region, sowie ein Kluftnetz vorausgesetzt sein, um die unterirdische Entwässerung, sowie die chemischen Prozesse, welche für die Karstbildung von Nöten sind, zu garantieren. Bei dieser Karstform existiert eine von der Erdoberfläche ausgehende Gesteinsauflösung, welche auf die Hydratation zurückgeht. Diese führt zu einer Lockerung des Gesteins durch Anlagerung von Wassermolekülen. Dies wird in dieser Arbeit mit dem Begriff der Lösungsverwitterung gleichgesetzt, da dies bezüglich Salz- und Sulfatgesteinen in der Geomorphologie üblich ist (MICHALZIK 2017: o.S). Die Lösungsverwitterung läuft schnell ab, das heißt, dass in einer kurzen Zeitdauer viele Minerale gelöst werden. Dabei erfolgt die Lösung zunächst stärker an der Einsickerungsquelle, da die wässrige Lösung schnell gesättigt ist. Es bilden sich große Klüfte aus, die es ermöglichen, dass die Lösungsverwitterung tiefer im Sulfatgestein ablaufen kann (vgl. Carbonate). Durch das im Sulfatgestein befindliche Anhydrid, welches Klüfte besitzt, sickert das Wasser ein und es kommt zur Bildung von Gips. Durch das Aufquellen, des Anhydrids bei der Vergipsung entstehen im umliegenden Gips neue Risse. Dort findet ausschließlich die Wasserzirkulation statt, welche oberflächennah abläuft. Es kommt durch diesen Vorgang zur Höhlenbildung, welche jedoch nur sehr kurzlebig sind, da, wie zuvor erwähnt, hohe Lösungsraten des Gesteins durch Wasser vorzufinden sind. Es bildet sich im Untergrund ein auf wenige Wasserwege beschränktes Abflusssystem, dass im Gipsbett zu einer linearen Flusshöhle wird, die sich rasch vergrößert. Ein Beispiel hierfür ist das Karstgebiet des süd-südöstlichen Harzes (PFEFFER 2010: S. 110pp).

Während es bei Carbonat- und Sulfatgesteinen eine ausgeprägte Karsthydrographie gibt, ist dies bei Salzgestein jedoch völlig ausgeschlossen. Da Salzstein völlig wasserundurchlässig ist und eine chemische Reaktion nur an der Gesteinsoberfläche stattfindet, ist eine unterirdische Entwässerung unmöglich. Jedoch zirkulieren die durch die oberflächliche Gesteinsauflösung entstandenen Solen entlang tektonischer Brüche und treten final weit entfernt vom eigentlichen Salzstein wieder aus (PFEFFER: 2010: S. 133pp)

Die, für Karstgebiete unabdingbare, unterirdische Entwässerung kann jedoch durch vielfältige Klimaeinflüsse gestört werden. Zum Beispiel kann es zu Permafrost kommen, welcher verhindert, dass das Wasser in den Boden eindringen kann. Es entsteht Oberflächenabfluss und die Zirkulation des Wassers im Untergrund wird verhindert. Es können jedoch auch durch langanhaltende Trockenphasen Vorfluter austrocknen und die Abflusssysteme der Karstgebiete stören. Diese vielfältigen Einflüsse, seien sie chemischer, physikalischer oder klimatischer Herkunft, prägen die Karstgebiete und lassen viele unterschiedliche Landschaftsformen entstehen.

2 Formen der Karstlandschaften

Karstlandschaften kennzeichnen sich zunächst durch ihre Grund- oder Großformen und im Detail durch Kleinformen, welche häufig aus der Co-Existenz der Karstphänomene mit natürlichen Abtragungsprozessen entstehen bzw. entstanden sind. Zunächst unterteilt man Karstgebiete, unabhängig vom Auftreten der detaillierten Karstformen, nach primären oberflächlichen Erscheinungsformen, in Halbkarstgebiete und Vollkarstgebiete. Halbkarstgebiete sind gekennzeichnet durch deutlich ausgeprägte Kleinformen innerhalb der Landschaft, jedoch befinden sich in dieser Region auch viele Senken und langgezogene Täler. Wenn man dahingegen den Vollkarst betrachtet, fällt auf, dass das gesamte Karstgebiet durch Kleinformen, die für solche Gebiete üblich sind, gekennzeichnet ist. Diese beiden Begriffe sind jedoch international für Karstgebiete ungebräuchlich und werden kaum noch verwendet (PFEFFER 2010: S. 4pp).

Die Großformen der Karstgebiete teilen sich im Großen und Ganzen in fünf unterschiedliche Formen auf. Die erste Form ist der nackte, unbedeckte oder oberflächliche Karst. Bei dieser Art des Karstes tritt das lösliche Gestein völlig offen, ohne oberflächliche Bedeckung, zu Tage. Sie ist global weit verbreitet, da viele Karstgebiete durch ackerbauliche Nutzung ihre Boden- und Vegetationsdecke verloren haben. An diesem Beispiel wird deutlich wie stark anthropogene Einflüsse Landschaften, insbesondere Karstlandschaften verändern können. In Mitteleuropa findet man diese Form vor allem oberhalb der Baumgrenze in den Alpen und im Mittelmeerraum, spezifisch im dinarischen Gebirge. Jedoch ist diese Form auch weitverbreitet in Übergängen zu ariden Räumen, auf anderen Kontinenten unserer Erde (PFEFFER 2010: S.4pp)

Eine weitere Großform ist der sogenannte bedeckte Karst. Wie schon der Name vermuten lässt, handelt es sich hierbei um das Gegenstück zum nackten Karst. Bedeckter Karst bezeichnet somit alle Karstgebiete, bei denen „über dem Kalk unlösliche Deckmassen lagern, die erst im Laufe der Verkarstung entstanden oder über dem Kalk ausgebreitet wurden" (RICHTER 1908: o.S, in: PFEFFER 2010: S.10). Diese hoch konkretisierte Definition gilt heutzutage allerdings als veraltet und bedeckter Karst wird stattdessen wie folgt definiert: bedeckter Karst ist eine „Region, in der Boden und Vegetation über den löslichen Gesteinen vorhanden sind" (APEL 1971, ZÖTL 1974, in: PFEFFER 2010: S. 10). Beispiele hierfür sind bewachsene Teilgebiete des dinarischen Gebirges, sowie die Schwäbische Alb. Aber auch in den Alpen befinden sich unterhalb der Waldgrenze Ausprägungen jener Karstform (PFEFFER 2010: S.4pp).

Die dritte Großform, welche jedoch in vielen Literaturquellen nicht als jene bezeichnet wird, ist der überdeckte Karst. Dieser entsteht, wenn jüngere Ablagerungen über alten Karstoberflächen lagern. Beispiele dafür sind Karstgebiete in Mitteleuropa, welche durch Lössauflagen überlagert wurden (PFEFFER 2010: S.6pp).

Der unterirdische Karst stellt die vierte Gruppe der Großformen dar. Diese entsteht, wenn Deckschichten über den löslichen Gesteinen lagern und die chemischen Prozesse der Verkarstung erst nach der vollständigen Bedeckung begonnen haben. Es entstehen dabei vor allem große Karsthöhlen bzw. Erdfälle, welche Auswirkungen bis an die Erdoberfläche haben können. Diese, doch sehr besondere Form der Karstgebiete, befindet sich zum Beispiel im Südharz. Jenes Gebiet wird in dieser Ausarbeitung als Fallbeispiel für den Verkarstungsprozess später genauer thematisiert.

Die letzte Großform der Karstgebiete verkörpert eine Landschaft, bei der die Entwicklung schon völlig abgeschlossen ist. Bei diesem sogenannten Paläokarst ist die Entwicklung durch Lage, Klima oder sedimentäre Ereignisse zum Stillstand gekommen. Aufgrund seiner weiten Verbreitung, welche auf plattentektonische Vorgänge, der lokalen Tektonik und Paläoklimaschwankungen zurückzuführen ist, kommt dieser Großform der Karstgebiete eine große wirtschaftliche Bedeutung zu, da in ihr verschiedenste Rohstoffe, wie Blei, Zink, Bauxit, Uran oder auch Öl lagern (PFEFFER 2010: S.4pp).

Diese Großformen sind jeweils geprägt von vielen unterschiedlichen Kleinformen, wie zum Beispiel Karren, Dolinen, Poljen, Karstwannen und Verebnungen.

Karren sind Lösungsformen von Gesteinen, die bei der chemischen Auflösung von Kalk, Gips oder Salz entstehen. Sie zeichnen sich durch tiefe Rinnen aus, denen das abfließende Wasser folgt, sodass diese Rinnen immer tiefer werden. Beobachten lässt sich diese Erscheinung häufig bei nacktem und bedecktem Karst. Während die Rinnen beim unbedecktem Karst eher mit harten Kanten versehen sind und brüchig wirken, sind diese beim bedeckten und überdecktem Karst gut abgerundet. In manchen Karstregionen kommt es durch hohe fluviale Einwirkungen dazu, dass bis zu 100 Quadratkilometer große Karrenfelder, vor allem im nackten Karst, entstehen.

Dolinen hingegen stellen trichterförmige Hohlformen mit unterirdischem Wasserabfluss dar. Sie entstehen, wenn durch Kalklösung entstandene Karsthöhlen einstürzen oder durch einsickerndes Wasser in Rissen. Letztere werden dann durch chemische Prozesse, die zur Erosion führen, aufgeweitet. Diese Karstform unterteilt sich wiederum in Lösungsdolinen, Sackungsdolinen oder Erdfälle, Einsturzdolinen und Schwemmlanddolinen. Lösungsdolinen entstehen an Stellen im Karst, an denen das Gestein durch tiefgehende Klüfte für Wasser durchlässig gemacht wird. Durch großräumige Wasseranlagerungen werden diese Klüfte von der Oberfläche her erweitert und es entsteht diese Art der Doline. Einsturzdolinen haben hingegen ihren Ursprung im Einstürzen von unterirdischen Hohlräumen im Karstgestein, welche nicht von nicht-verkarstungsfähigem Gestein überlagert sind. Erdfälle hingegen sind größtenteils beim unterirdischen Karst anzutreffen. Ähnlich wie bei den Einsturzdolinen, werden hier, durch fortschreitende Korrosion, die Wände der Hohlräume angegriffen und das Gebilde somit instabil. Allerdings ist es meist so, dass über dem Karstgestein eine Deckschicht aus nichtlösungsfähigem Gestein zu finden ist. Dieses Phänomen lässt sich im Gebiet des Südharzes häufig beobachten. Bei der Schwemmlanddoline sind für das trichterartige Gebilde keine verfestigten Sedimente, welche einstürzen, verantwortlich, sondern junge nicht verfestigte Sedimente, welche durch einen bereits im Karstgestein vorhandenen Hohlraum, mit ausgeschwemmt werden. Gebiete, in denen viele Dolinen und einzelne Trockenfelder vorherrschen, werden häufig unter dem Begriff „Dolinenkarst" zusammengefasst.

Eine weiter Kleinform stellen die sogenannten Karstwannen dar. Diese zeigen sich in der Landschaft als Quadratkilometer große Senken, ohne oberflächlichen Abfluss, welche häufig von Dolinen durchzogen sind. Dieser Begriff wird allerdings nur für deutsche Mittelgebirge verwendet und ist in der international gültigen Literatur nicht gebräuchlich. Diese Form befindet sich häufig im sogenannten Trockental- oder Fluviokarst, welche vorwiegend von Trockentälern durchzogen sind und Dolinen zurücktreten.

Ein Karstgebiet, welches auf sehr reinen Carbonatgesteinen liegt und sich zwischen dem nördlichen und südlichen Wendekreis befindet, wird als Vollformenkarst bezeichnet. Er zeichnet sich außerdem dadurch aus, dass viele einzelne Türme oder Kegel mit Senken dazwischen existieren. Diese werden einzeln unter dem Begriff der Kegel- und Turmkarste beschrieben, sollen aber auf Grund ihrer Lage in feuchtwarmen Tropengebieten, in diesem Kontext, nicht näher ausgeführt werden.

Eine Kleinform der Karstgebiete, die in nahezu jedem Karst vorhanden ist, wird mit dem Begriff der Verebnung klassifiziert. Es sind ebene Teilabschnitte der Karstgebiete, deren Genese nicht, wie bei Karstgebieten üblich, auf die Interaktion von chemischen Prozessen und unterirdischer Entwässerung zurückgeht, sondern sie werden häufig durch Erosion und Korrosion gebildet.

Die letzte wichtige Kleinform der Karstgebiete stellen die Poljen dar. Diese sind große unterirdisch entwässerte Becken, umrahmt von steilen Hängen, innerhalb verkarsteter Gebiete. Sie weisen eine Spannweite von bis zu über 100 Quadratkilometern auf. Die größte Polje ist die Polje Livno in Kroatien bzw. Bosnien-Herzegowina.

All diese Kleinformen findet man gebündelt im dinarischen oder mediterranen Karst. Diese weist grundsätzlich Korrosionsebenen, Poljen, Dolinen und Trockentäler auf und ist im dinarischen Gebirge vorzufinden (PFEFFER 2010: S. 176pp). Am Beispiel des Südharzes soll die Wichtigkeit der Karstgebiete in Mitteleuropa, in dieser Arbeit, deutlich gemacht werden. Dafür ist es notwendig zunächst einmal auf die Geomorphologie des Südharzes einzugehen und die Ausprägungen der Groß- und Kleinformen detaillierter auszuführen, um eine Grundlage für die wirtschaftliche, biologische und soziale Bedeutung dieses Gebiets zu schaffen.

3 Geomorphologie des Südharzes

Der Südharz wird als bedeutendstes Gipskarstgebiet Deutschlands bezeichnet. Durch besondere paläoklimatische Bedingungen gelangten teilweise große Schichten an Sulfatgesteinen zur Ablagerung. Innerhalb dieser Zechsteinformation, treten drei Sulfatsteinhorizonte auf, welche jedoch starken Schwankungen unterworfen sind. Deshalb werden die Gipskarstareale im Südharz in zwei große Gebiete unterteilt. Eine Zone ist Osterode/ Harz und der andere der Raum Walkenried. Zwischen beiden Zonen liegt eine „Untiefen-(Schwellen)-Region" in der sich kein oder nur wenig Sulfatgestein abgelagert hat. In dieser Region sind Karsterscheinungen meist nur unterirdisch vorhanden. Drei weitere Regionen im Karstgebiet können abhängig ihrer oberflächlichen Erscheinungsmerkmale untergliedert werden. Im Gebiet der tektonischen Westbegrenzung des Harzes sind die verkarstungsfähigen Gesteine, durch tektonische Ursachen, schon bis in größere Tiefen verbraucht. Hier wird die Landschaft von vielen Dolinen geprägt. Im

Südosten des Harzgebietes treten drei Gipshorizonte hervor, welche teilweise unbedeckt vorliegen. Hier ist der bedeckte und unbedeckte Gipskarst, auch durch das Vorhandensein von Steinbrüchen zur Gipsgewinnung, gut sichtbar. Zuletzt gibt es noch das Gebiet östlich der zuvor erwähnten Schwellenregion. Hier gibt es ähnlich, wie im Südosten des Harzes, günstige Bedingungen zur Karstbildung. Der Unterschied zu dieser Region besteht allerdings darin, dass es im östlichen Gebiet nur geringe tektonische Verwerfungen gibt und somit zahlreiche Kleinformen der Karstgebiete zu finden sind (HERMANN 1968/69: S. 3pp). Die geomorphologische Bildung dieses Karstgebietes geht auf die in Punkt 1 beschriebene Bildung des Sulfatkarstes zurück. Für diese Karstbildung stellt der Südharz ein allgemeingültiges und optimales Beispiel dar (HERMANN 1968/69: S. 11pp).

Die Frage, die sich nun stellt, ist: inwieweit Karstlandschaften heutzutage einen Nutzen, sei es sozial, biologisch oder wirtschaftlich, darstellen und ob dieses einmalige Naturphänomen gefährdet ist und welche Maßnahmen ergriffen werden, damit das südliche Harzgebiet erhalten bleibt.

Literatur:

PFEFFER, K-H. (2010): Karst: Entstehung – Phänomene – Nutzung. Stuttgart: Born- träger

ZEPP, H. (20177): Grundriss Allgemeine Geographie: Geomorphologie. Paderborn: UTB Geographie.

MICHALZIK, B. (2017): Grundlagen der Bodenkunde und bodenbildende Prozesse. Vorlesung, Friedrich- Schiller- Universität Jena (WiSe 2018). Jena: Institut für Geographie.